宝宝的数学

宝宝的勾股定理

〔美〕麦克·兹尼提 著 宝蛋社 译

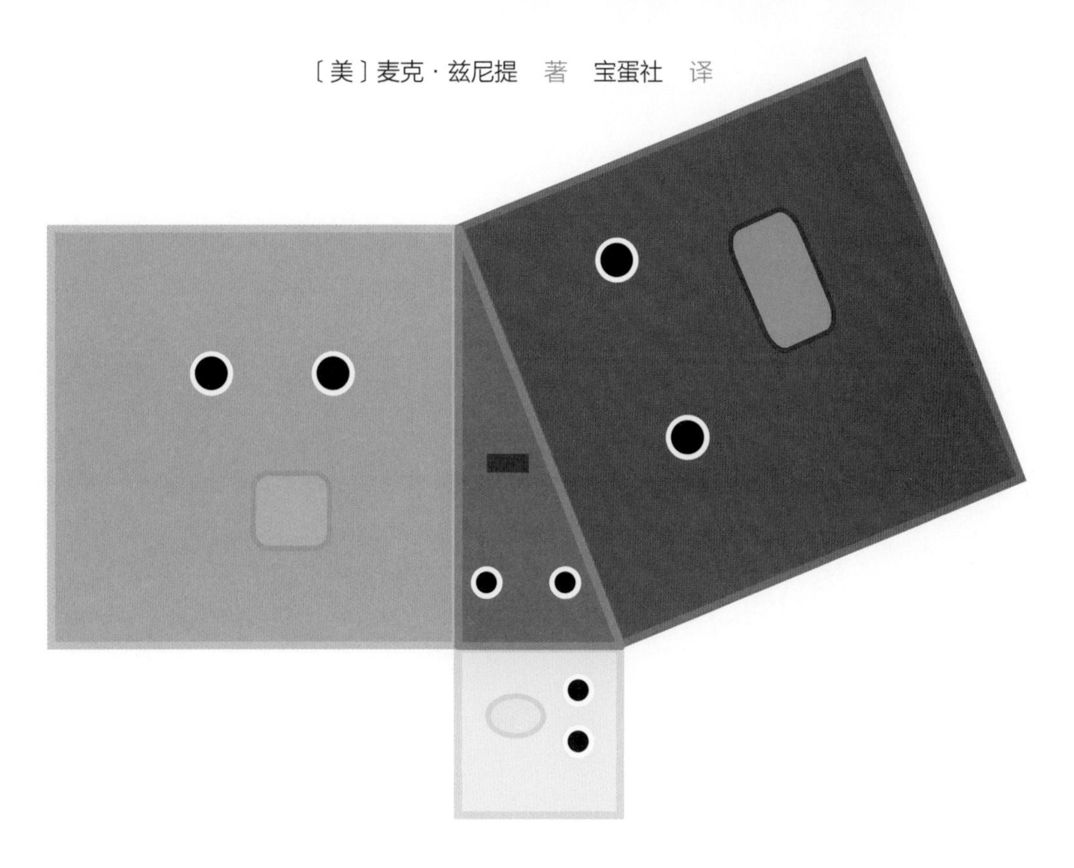

中国科学技术大学出版社

图书在版编目(CIP)数据

宝宝的勾股定理/(美)麦克·兹尼提(Michael Ziniti)著;宝蛋社译.—合肥:中国科学技术大学出版社,2018.1(2023.1 重印)

(宝宝的数学)

ISBN 978-7-312-04184-6

Ⅰ.宝… Ⅱ.①麦… ②宝… Ⅲ.勾股定理—儿童读物 Ⅳ.O123.3-49

中国版本图书馆 CIP 数据核字(2017)第 060788 号

出版 中国科学技术大学出版社
安徽省合肥市金寨路 96 号,230026
http://press.ustc.edu.cn
https://zgkxjsdxcbs.tmall.com

印刷 鹤山雅图仕印刷有限公司

发行 中国科学技术大学出版社

开本 889 mm×1194 mm 1/24

印张 1.25

字数 22 千

版次 2018 年 1 月第 1 版

印次 2023 年 1 月第 2 次印刷

定价 30.00 元

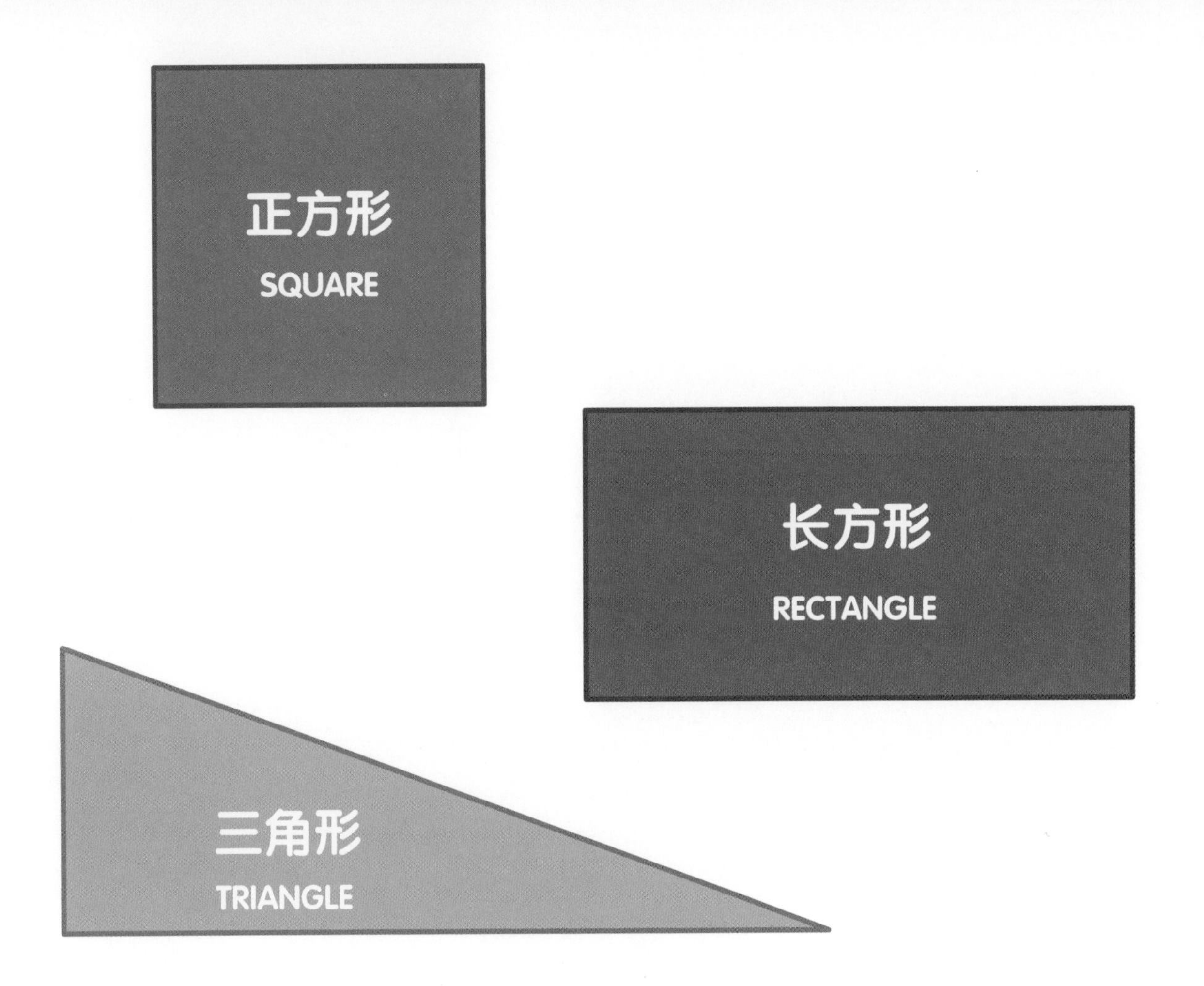

这是一本关于**正方形**、**长方形**和**三角形**，
以及它们之间**令人惊叹**的联系的绘本书。

This book is about shapes like **squares**, **rectangles**,
and **triangles**, and the **amazing** way they are all related.

这是一个**正方形**。

正方形拥有4条一样长的边和4个一样大的角。

This is a **square**.

A **square** has four sides and four corners that are all the same.

这个方块是一个**正方形**。

This block is a **square**.

正方形的边长可大可小，

但要记住每个正方形所有的边长度相同、所有的角大小相等。

Squares can be any size you want,

as long as all of the sides and corners are the same.

这个**正方形**由9个方块组成，
每条边有3个方块那样长。

This **square** is made of nine blocks,
each side is three blocks long.

这是一个**长方形**。
长方形的4个角大小相等，
但是4条边长度不见得相等。

This is a **rectangle**.
A **rectangle** has four corners that are all the same,
but the sides can be different.

这个**长方形**由12个方块组成。
它的边长并不全相等。

This **rectangle** is made of twelve blocks.
The sides are not all the same.

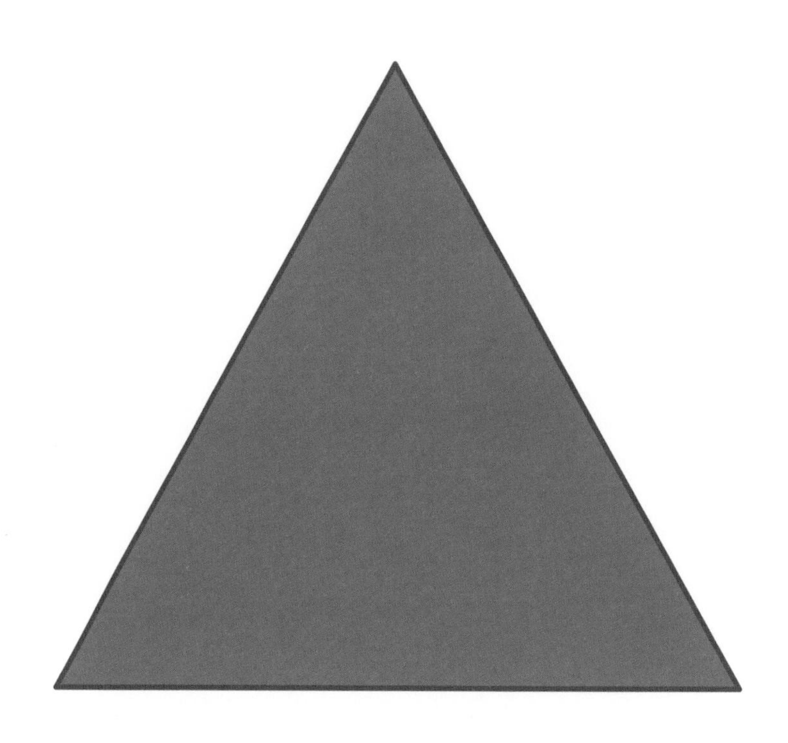

这是一个**三角形**。

三角形有3条边和3个角。

This is a **triangle**.

A **triangle** has three sides and three corners.

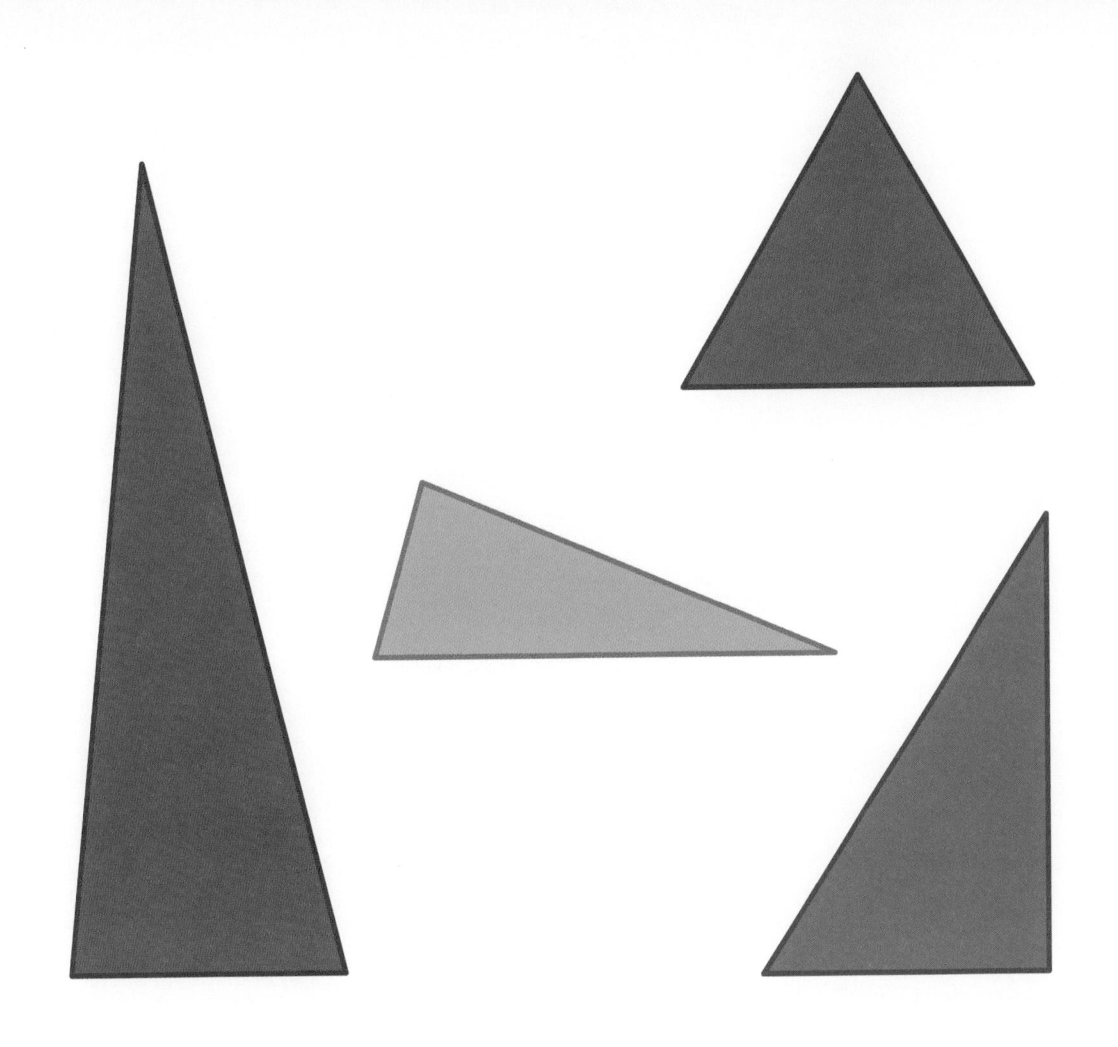

有很多种构造**三角形**的方式，
但本书关注的是一种特殊的**三角形**。

There are many ways to make a **triangle**,
but this book is about a special kind of **triangle**.

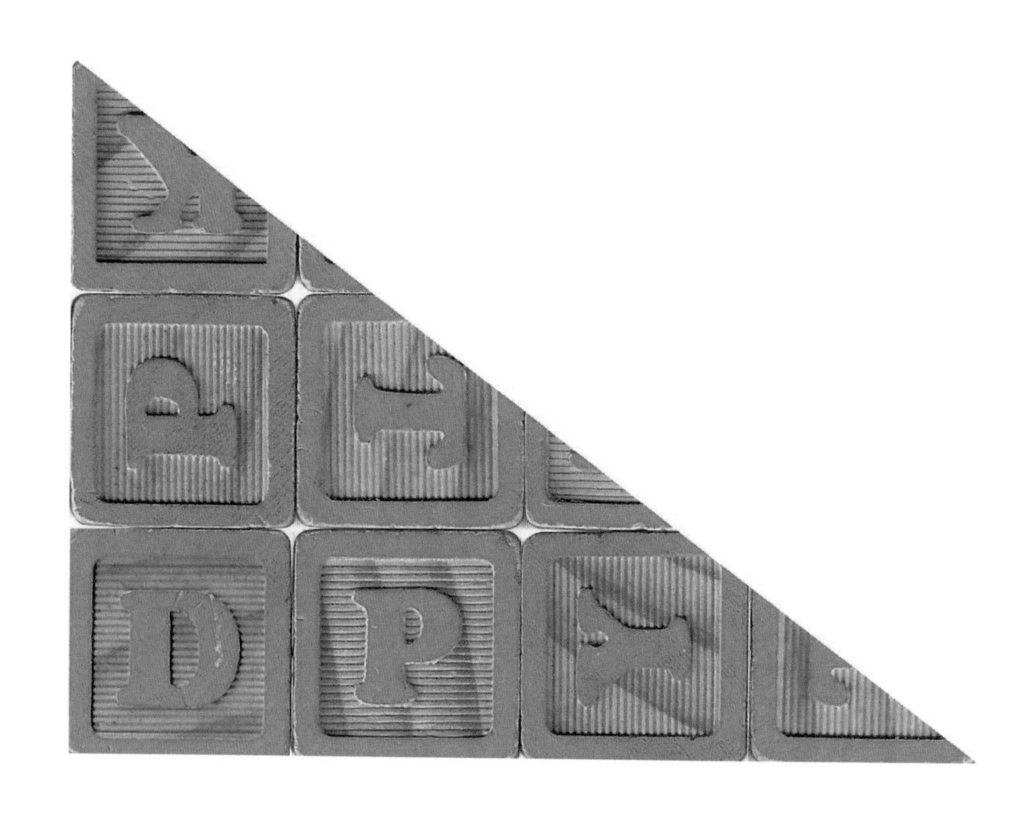

如果像这样把一个**长方形**切掉一半，
你就得到一个**直角三角形**。

If you cut a **rectangle** in half like this,
you get a shape called a **right triangle**.

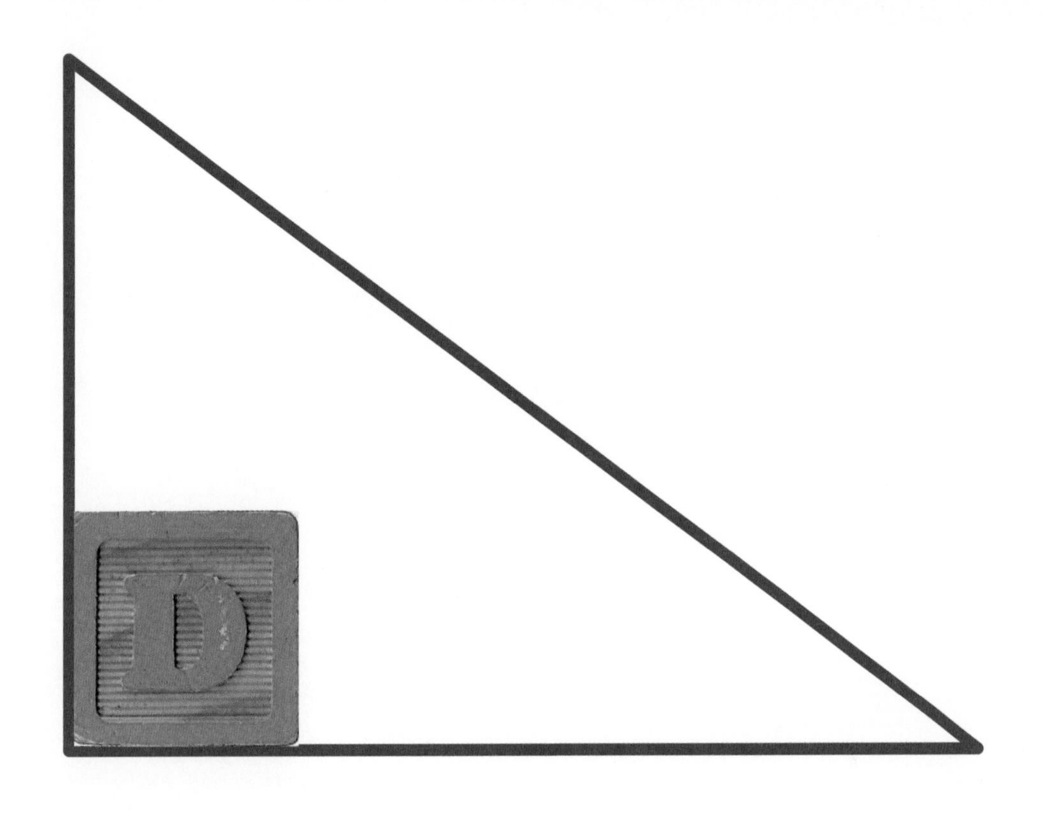

直角三角形有3条边，这点和其他的**三角形**一样，
但特殊之处在于，它的一个角和**正方形**的角大小相等。

A **right triangle** has three sides, just like any other **triangle**,
but it's special because a **square** fits perfectly into one of the corners.

如果像右边这样用方块拼三个**正方形**，
这三个**正方形**的其中一条边正好可以
组成一个**直角三角形**，
你会发现一些奇妙的现象。

If you use blocks to make a **square** on each side
of a **right triangle**,
you just might notice something really neat.

（数方块时，你也可以寻求帮助哟，聪明的宝宝。）

(It's okay if you need help counting the blocks, smart baby.)

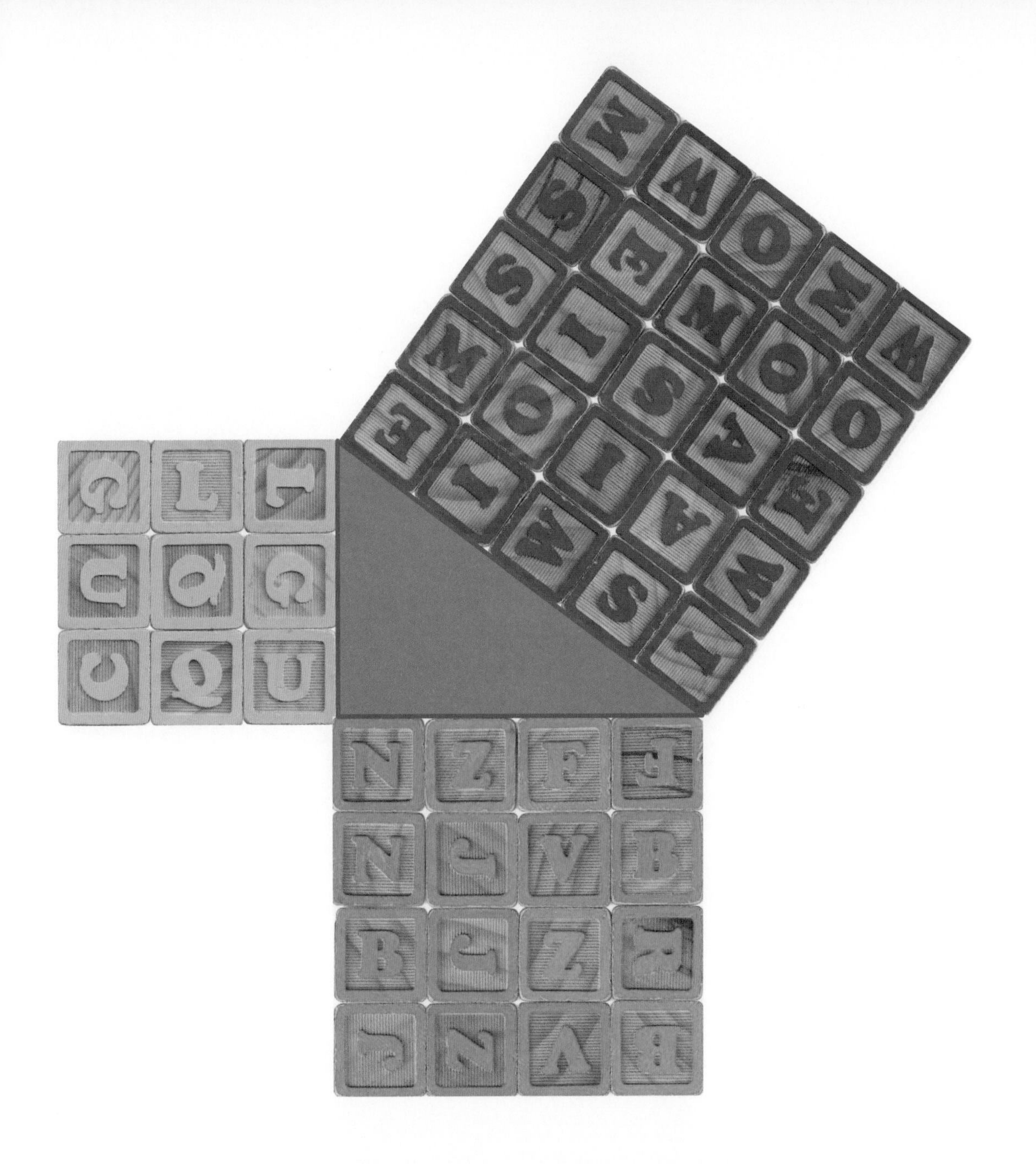

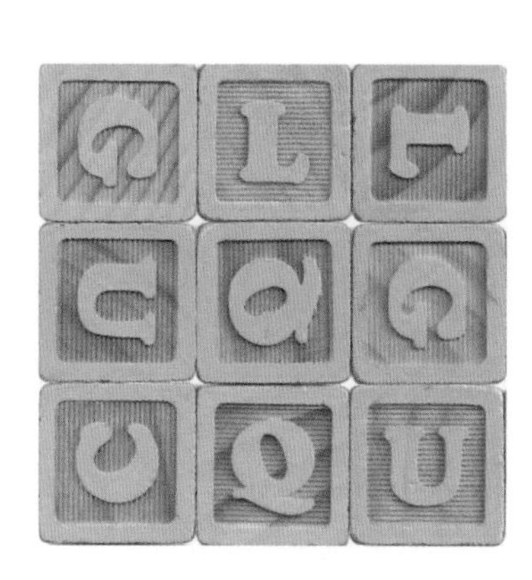

9块

Nine Blocks

加

plus

16块

Sixteen Blocks

将这两个小点的**正方形**里的方块数目加在一起……

The number of blocks in the two smaller **squares** ...

等于　　　　　　　25块！

equals　　　　　　Twenty-Five Blocks!

……和最大的**正方形**里的方块数目一样。

... is the same as the number of blocks in the biggest **square**.

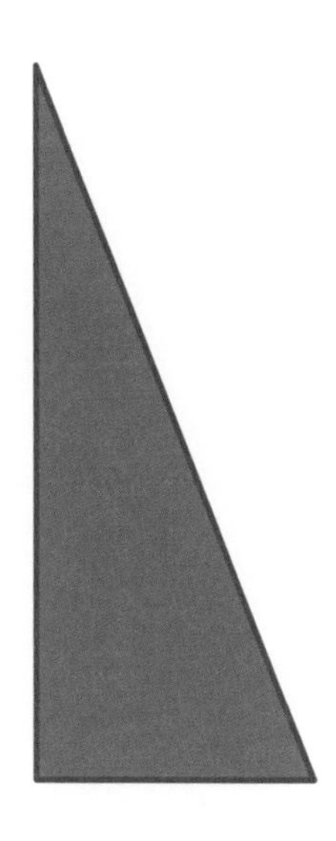

勾股定理说，对于任意**直角三角形**上述等式都是成立的。

定理是一个我们能证明其正确性的陈述。

The Pythagorean Theorem says that is true for any **right triangle.**

A Theorem is something we can prove to be true.

你能证明黄色和绿色的**正方形**总面积与红色的**正方形**面积一样吗?

Can you prove that the yellow and green **squares** are the same size as the **red square**?

四个蓝色的**三角形**围成一个大的蓝色**正方形**，

Four **blue** **triangles** make a big **blue** **square**,

中间刚好嵌入一个红色的**正方形**!

and the **red square** fits perfectly inside!

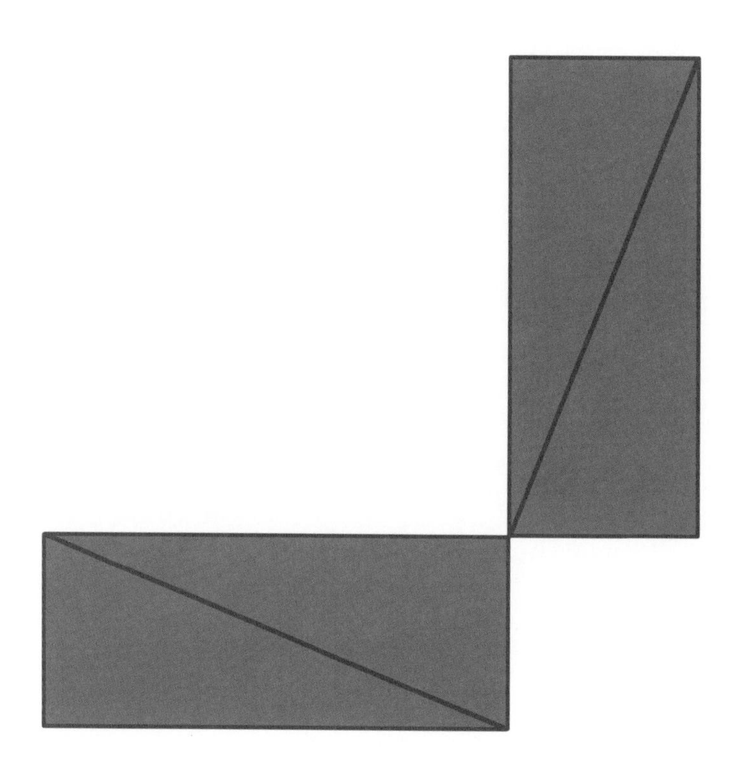

四个蓝色的**三角形**也能这样组合，

Four **blue** **triangles** also make this funny shape,

而黄色和绿色的**正方形**也刚好完美地组合在一起！

and the yellow and green **squares** fit perfectly!

这两个组合成的图形都是**正方形**，而且面积相等。

These shapes are both **squares**, and they are both the same size.

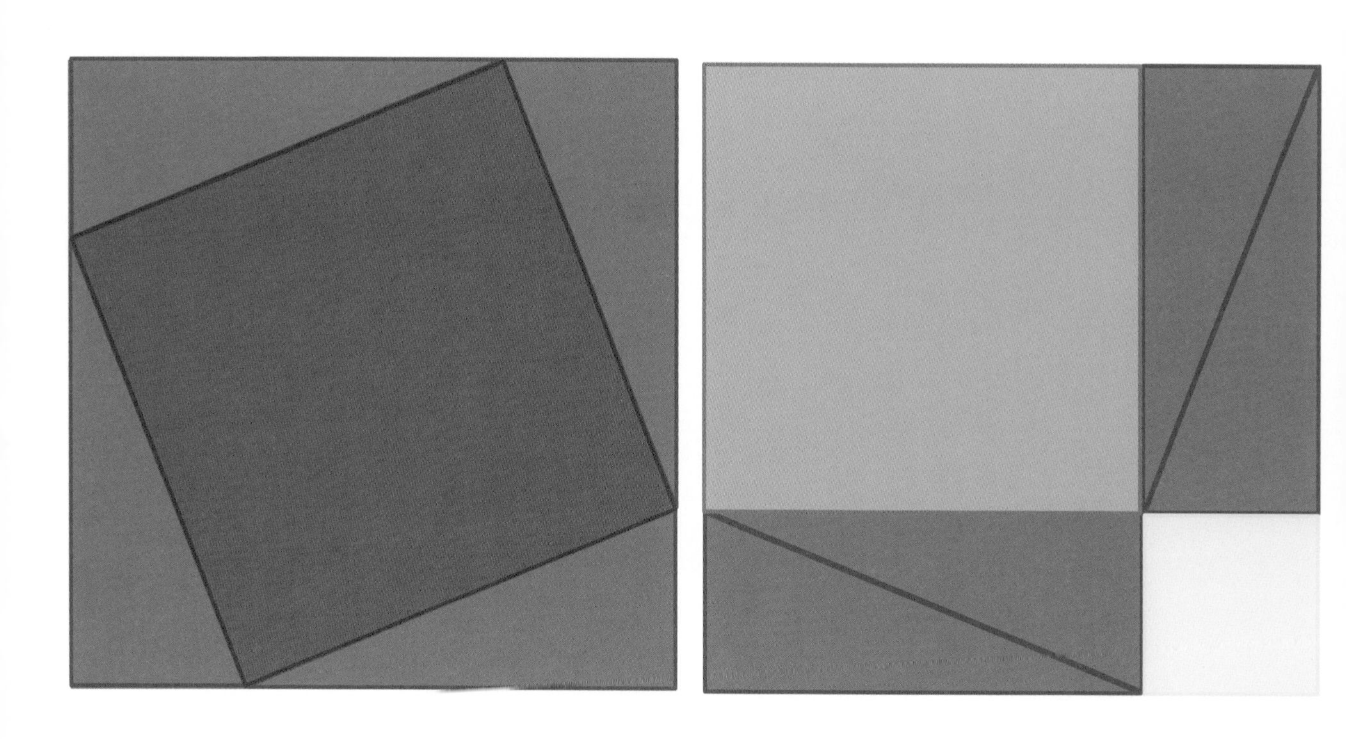

如果各自拿走所有蓝色的**三角形**，剩下的图形面积仍然相等。

If you take away the **blue** **triangles**, the shapes left over must also be the same size.

这说明**黄色**和**绿色**的**正方形**总面积与**红色**的**正方形**面积一样，
刚好是我们需要证明的。

That means that the **yellow** and **green** **squares** are the
same size as the **red square**, and that’s just what we wanted to show!

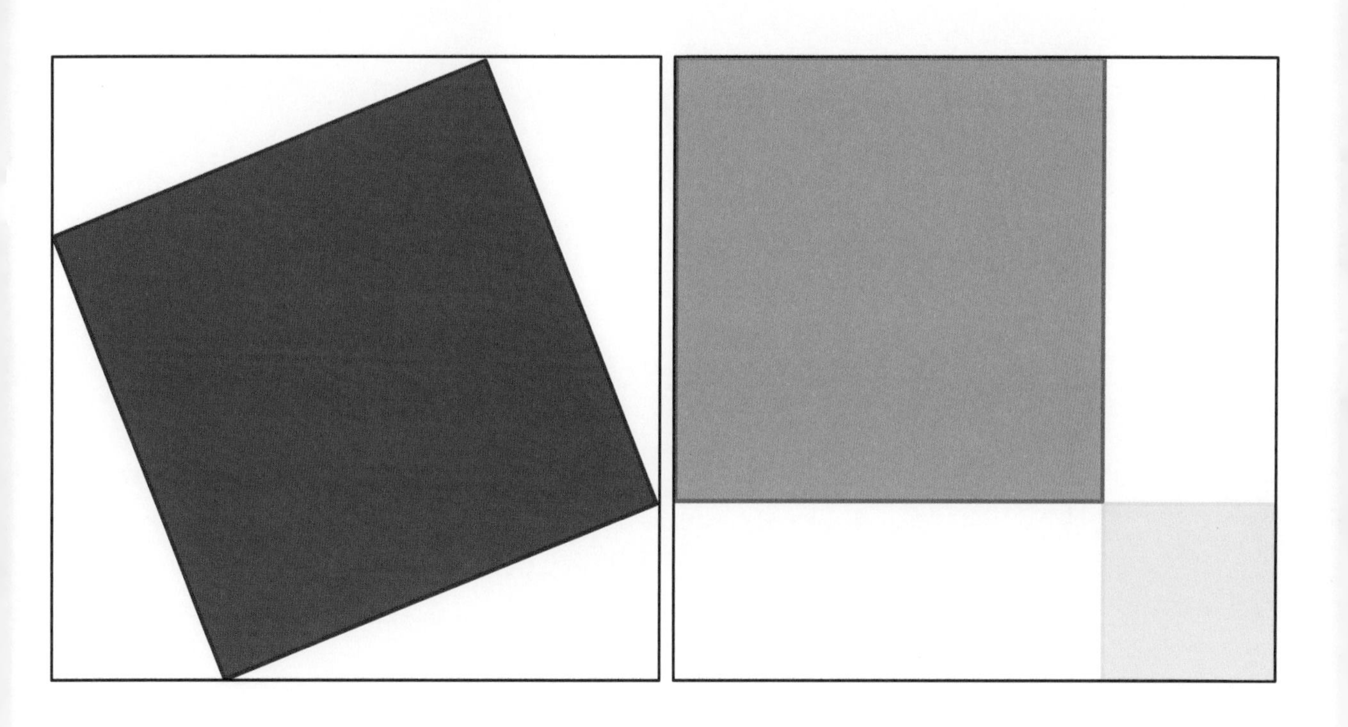

祝贺你，宝贝，这是你的第一个证明哦！（我希望是。）

Congratulations, baby, on your very first proof ! (I hope.)